EXPOSITION UNIVERSELLE DE PARIS

EN 1878

DÉPARTEMENTS
D'ALGER ET D'ORAN

NOTICE MINÉRALOGIQUE

ALGER

IMPRIMERIE TYPOGRAPHIQUE & LITHOGRAPHIQUE J. LAVAGNE

4, RUES BAB-AZOUN ET CLAUZEL, 4

1878

EXPOSITION UNIVERSELLE DE PARIS

EN 1878

DÉPARTEMENTS
D'ALGER ET D'ORAN

NOTICE MINÉRALOGIQUE

ALGER

IMPRIMERIE TYPOGRAPHIQUE & LITHOGRAPHIQUE J. LAVAGNE

4, RUES BAB-AZOUN ET CLAUZEL, 4

1878

EXPOSITION UNIVERSELLE DE PARIS

EN 1878

DÉPARTEMENTS D'ALGER ET D'ORAN

NOTICE MINÉRALOGIQUE

Dans le cours des temps historiques, l'Algérie à toujours été, à divers degrés un pays producteur de minerais métalliques. On a sans doute trouvé depuis l'occupation française bien des gîtes entièrement nouveaux et vierges de tout travail humain. Mais bon nombre d'autres portent des travaux anciens, et ont souvent été découverts à nouveau de notre temps, grâce aux traces apparentes que ces travaux ont laissées à l'extérieur. Il est rare, malheureusement, que la date des anciennes recherches puisse être précisée, et bien qu'en présence d'une vieille fouille les colons soient toujours portés à lui donner la qualification de romaine, il est certain que beaucoup d'entre elles sont dues aux indigènes soit arabes, soit kabyles, lesquels n'ont jamais perdu tout à fait l'art d'exploiter et de fondre le plomb, le cuivre et le fer. C'est ainsi qu'aux environs de Rovigo on a pu surprendre, il y a quelques mois à peine, un simple berger kabyle fondant un peu de minerai de cuivre pour s'en faire un couteau ; que toute trace un peu apparente de galène est enlevée par les indigènes et employée à fondre des balles; que des tribus Rifaines, aujourd'hui encore, savent extraire le fer des minerais purs et riches qui abondent dans le Nord de l'Afrique, et

cela à l'aide d'un rudiment de la méthode Catalane telle-
ment simple, qu'on pourrait y avoir la véritable origine de
la métallurgie du fer. De plus, bien des tribus qui ont perdu cet art, l'on certainement possédé autrefois, comme le
prouvent directement les petits tas de scories qu'on trouve
en un très-grand nombre de points, au voisinage des
affleurements de fer, tas de scories dont chacun atteste
positivement l'existence d'un ancien petit foyer. Mais partout où le fer Européen pénètre librement, la fabrication
indigène a cessé.

Il n'est donc pas douteux que beaucoup des excavations
anciennes que portent tant de gîtes, ne soient l'œuvre des
indigènes musulmans. Mais il existe aussi des travaux
anciens trop considérables pour qu'on puisse les attribuer
à ces populations. Tels sont, par exemple, ceux de la mine
de plomb de Gar-Rouban, sur la frontière du Maroc.
Quelques objets trouvés dans leurs remblais à l'origine
des travaux modernes, sont venus prouver ce que la profondeur et la difficulté de ces travaux attestaient déjà
suffisamment, c'est-à-dire leur antériorité à la conquête musulmane. Sur les gîtes de cuivre d'Abla, voisins de la mine
de Gar-Rouban, les recherches modernes ont mis à jour
aussi d'anciens travaux trop difficiles pour les Arabes.
Ainsi le plomb et le cuivre au moins ont été exploités en
Algérie par les Romains et probablement avant eux par les
Phéniciens et les Carthaginois, qui recherchaient si avide-
ment ces métaux.

Quoiqu'il en soit, la période musulmane a été en somme
très-peu féconde, et comme les moyens d'exploitation des
anciens n'approchaient pas de ceux que l'on a aujourd'hui,
les richesses minérales du pays nous sont arrivées presque
dans leur intégrité naturelle. Avant toutes choses nous
avons eu à les reconnaitre ; beaucoup d'efforts se sont

portés de ce côté, et ont amené la découverte d'un très-
grand nombre de gîtes de toute espèce; on en découvre
fréquemment de nouveaux, et il en reste encore très-cer-
tainement beaucoup à découvrir, car de vastes régions sont
restées encore sans exploration. Des exploitations ont été
entreprises aussi, et plusieurs paraissent définitivement
assises. Mais, tout intéressants qu'ils soient, les résultats obtenus paraissent n'être que fort peu de chose auprès de ce
que l'on peut légitimement espérer pour l'avenir. Bien des
causes, en effet, ont entravé les efforts des chercheurs,
viabilité très-insuffisante, installations à créer sur des points
d'accès pénible et écartés de tout, main-d'œuvre assez
chère pour attirer et retenir des ouvriers dans des conditions de vie difficile, insécurité même parfois, timidité des
capitaux. Il ne fallait rien moins que l'ardeur toute par-
ticulière que la recherche des mines inspire à ses adeptes
pour les pousser à des entreprises soumises à tant de
difficultés. Aussi est-il tout simple que les recherches
aient procédé par périodes d'engouement suivies de dépres-
sion, et qu'elles n'aient point fourni encore les résultats
qu'on peut attendre pour l'avenir. Mais toutes ces causes
tendent à disparaître ; l'insécurité n'est plus qu'un souve-
nir; la viabilité et la colonisation sont aujourd'hui fort
développées, et se développent tous les jours avec une
rapidité croissante; la main-d'œuvre s'obtient déjà à bien
meilleur prix par suite du travail fourni par les indigènes
kabyles ; les capitaux s'enhardissent pour ainsi dire à vue
d'œil. Le milieu économique a donc totalement changé, et
nombre de gîtes qui n'ont donné que des déceptions à
leurs premiers explorateurs, donneront de fructueux produits à leurs successeurs mieux outillés en toutes maniè-
res. Il n'est donc nullement douteux que les gîtes minéraux
que contient l'Algérie ne soient appelés à être pour ce

pays un puissant élément de développement et de prospérité, et il est facile de prévoir aussi que dans ce mouvement le rôle prépondérant appartiendra aux minerais de fer.

Dans la présente notice on se propose d'indiquer sommairement ce qui existe déjà de plus important, dans les départements d'Alger et d'Oran, et de hasarder au sujet du fer quelques prévisions pour un avenir qui, sans doute ne peut être rigoureusement précisé, mais que tout annonce devoir être prochain. On y a annexé 2 tableaux indiquant pour chaque département les principaux gîtes minéraux connus, les principales carrières et les salines, leur situation par rapport à des points marqués sur les cartes de l'Algérie, et le nombre d'ouvriers qui, au 1ᵉʳ juillet 1877, se trouvaient employés sur les gîtes minéraux en exploitation ou en exploration. L'ordre adopté pour marquer les gîtes est celui que l'on obtient en allant de l'Ouest à l'Est.

A titre d'appendice on dira aussi quelques mots des sources thermo-minérales et des recherches d'eau par sondages, qui à plusieurs points de vue, se rattachent naturellement à l'art du mineur. Deux tableaux sont annexés aussi à cette partie ; ils donnent l'indication et la situation des sources thermo-minérales connues, classées conformément à la division adoptée dans l'annuaire des eaux minérales.

§ 1ᵉʳ MINERAIS DE PLOMB, CUIVRE, ZINC ET MÉTAUX CONNEXES

Ces minerais sont souvent associés ensemble dans les mêmes gîtes; aussi convient-il de les réunir dans un même paragraphe. C'est sur les gîtes de cette espèce que se sont surtout portées les recherches à l'origine, ce qui s'explique naturellement par la valeur supérieure de ces minerais, plus capables de supporter des frais de transport que les autres catégories.

1° Oran.

Cuivre. — Dans le département d'Oran, le cuivre a été signalé principalement à Sidna-Oucha, Abla et au Djebel Mzaïta. Le premier gîte n'a point été exploré; les deux autres ont été l'objet de recherches assez longues, mais qui sont pourtant insuffisantes pour les juger. Les anciens travaux d'Abla prouvent qu'il y a eu des parties superficielles riches et donnent à penser qu'il doit y en avoir d'autres en profondeur.

Plomb argentifère. — Le plomb argentifère à l'état isolé, ou mélangé seulement de quelques traces de cuivre pyriteux est connu dans les gîtes de Gar-Rouban, Sidi-Aramon, El-Ary, Tleta, Coudiat-Ressas, Kselma, Tazout et Karouba.

Les gîtes de Gar-Rouban sont concédés et exploités depuis 1856. L'exploitation a un peu langui dans ces dernières années, mais on s'occupe de la raviver, et les existences de minerai connues sont suffisantes pour une très-longue durée de travail. Les gîtes sont des filons dans les schistes anciens, sauf un qui est formé par une couche du terrain jurassique contenant la galène à l'état disséminé. — El-Ary est dans les Traras et vient à peine d'être découvert. — Sidi Aramon est limitrophe de Gar-Rouban, et contient le prolongement de la couche jurassique de cette concession. Bien que ce gîte soit inexploré, on peut être certain qu'il a de l'avenir. — Coudiat-Ressas et

Kschna n'ont point été explorés et leur valeur est inconnue. — Tléta et Tazout on été l'objet de recherches qui sont restées peu encourageantes, mais ne sont peut être pas poussées assez à fond. — Karouba est encore en exploration. La galène y est disséminée dans une couche de grès crétacé. Ce gîte est aux portes de Mostaganem, et par suite n'aurait pas besoin pour pouvoir s'exploiter d'être aussi riche relativement que les gîtes de l'intérieur.

Plomb et zinc. — Le zinc associé au plomb en proportion plus ou moins forte constitue les gîtes de Mazis, Aïn-Tolba et Fillaoucen. — Aïn-Tolba n'a point été exploré. — Mazis et Fillaoucen sont des gîtes riches et sont concédés, le 1er depuis 1875, le deuxième depuis le 28 août 1877. Des circonstances accidentelles ont retardé la mise en exploitation de Mazis, dont la propriété va être licitée. Pour le Fillaoucen, on s'occupe activement de préparer l'exploitation, de sorte que sous peu les existences fort notables de calamine qui sont reconnues sur ces deux points vont être mises en valeur. Nemours est le point d'embarquement naturel, tant pour ces minerais que pour ceux de Gar-Rouban.

2° Alger

Cuivre. — Les gîtes de cuivre signalés sont assez nombreux dans le département d'Alger. Sept sont des mines concédées savoir: Oued-Allelah, Oued-Taffilès, Cap Ténès, Beni-Aquil, Mouzaïa, Oued-Merdja et Oued-Kébir: le cuivre est concédé aussi à Gouraya et Soummah où, d'ailleurs, il ne figure qu'à titre accessoire, le métal principal étant le fer.

Quatre de ces mines, Oued-Taffilès, Cap Ténès, Beni-Aquil et Oued-Kébir n'ont jamais été exploitées : les trois autres l'on été plus ou moins et Mouzaïa a été autrefois l'objet d'une exploitation montée très en grand, mais dont le succès n'a point été heureux. On a néanmoins, extrait des nombreux gîtes de cette mine de grandes quantités de fort beau minerai, excellente raison pour fonder un sérieux espoir d'en retirer de nouvelles par de nouveaux travaux convenablement menés. Vendue en justice, cette mine a été acquise par son propriétaire actuel qui a fait et qui fait encore des efforts sérieux pour arriver à la remettre en exploitation régulière, mais n'y a point encore réussi tout à fait.

L'exploitation du cuivre a été longtemps entravée par cette circonstance que presque tous les minerais du département d'Alger sont du cuivre gris, qu'il ne pouvait être économiquement traité qu'en Angleterre, et que l'exportation était interdite. Quand cette barrière légale a été levée, on n'a pas tardé à s'apercevoir que sur un marché unique comme celui de Swansea les acheteurs font la loi aux vendeurs. En fait les minerais qu'on y a exportés d'ici n'ont point obtenu toujours les prix que leurs teneurs auraient dû leur assurer. Il y a là un obstacle commercial sérieux, mais qui ne saurait être éternel, et que l'on pourra tourner sans doute quand on aura des quantités notables à apporter sur le marché.

Parmi les gîtes non concédés, aucun n'a été l'objet d'une exploration sérieuse ; des travaux très-superficiels ont été pratiqués sur les gîtes de Bou-Hallou, Djebel-Hadid, Sidi-Bou-Aïssi, Oued-Rehan, Oued-Adelia, Hamman-Rhira et Dalmatie ; les autres gîtes connus sont restés entièrement inexplorés. Beaucoup de ces gîtes seront

sans doute repris quand les gîtes concédés le seront eux-
mêmes.

Dans plusieurs des localités sus-indiquées le minerai de
de plomb est associé accessoirement à celui de cuivre. De
nombreuses analyses ont démontré de plus que tous ces
minerais sont plus ou moins argentifères, circonstance qui
était ignorée à l'origine, et dont il n'a pas toujours été
tenu compte commercialement, depuis qu'elle est connue.
Ce sera un motif de reprise de plus.

— Le plomb tout à fait isolé n'a été signalé jusqu'ici
dans le département d'Alger que sur un très-petit nombre
de points, au Zaccar, dans la forêt de Taourira, et à l'Oued-
Arbatach notamment. Au Zaccar il semble trop disséminé
pour être mis en valeur. A Taourira, on fait quelques
explorations parce que les gîtes sont compris dans le
périmètre de la demande en concession de Messelmoun,
où le métal principal est le fer. Le plomb paraît n'être que
fort accessoire. — A l'Oued-Arbatach, il s'exécute actuellement quelques recherches assez actives, mais encore
peu avancées.

— Le zinc associé au plomb, est connu à l'Ouarencenis
et dans un groupe de gîtes situés à l'entrée de la Kabylie;
à l'Ouarencenis, le minerai est de la calamine, comme dans
le département d'Oran, et il n'y a eu encore aucune espèce
d'exploration. A l'entrée de la Kabylie, on a trouvé dans
les quatre dernières années un certain nombre de filons contenant des veines massives plus ou moins fortes de blende
associée à de la galène. Un de ces gîtes, Guerrouma, est
demandé en concession. Deux autres, Rarbou et Sakamody,
qui sont limitrophes, sont compris aussi dans une même demande en concession. Tous les filons de ces trois localités ne

sont point encore explorés ; mais déjà dans ceux qui portent les travaux de recherches, on a trouvé des quantités de minerai qui seront bien suffisantes pour motiver l'établissement de deux concessions. Des gîtes semblables ont été signalés à Dra-Matmora, entre Guerrouma et Palestro, et à Haouch-Mezzyan, dans la vallée d'un affluent de la rive gauche de l'Oued-Arbatach ; mais ils sont encore inexplorés. Il est très-vraisemblable que l'étude plus approfondie du pays fera découvrir plus d'un autre gîte de cette espèce. Il ne manque point dans toute cette zône de filons marneux ayant toutes les apparences de la plus complète stérilité à leurs affleurements, et dont plusieurs peuvent contenir de la blende, car les filons explorés ont présenté des cas semblables. La blende affleurante, en effet, est sujette a disparaître à l'état de sulfate de zinc soluble sous l'action des agents atmosphériques, de sorte que les affleurements de ces sortes de filons tendent à se masquer eux-mêmes par l'action des causes naturelles. Il y a donc lieu de penser qu'il peut exister dans la zône en question un district zincifère important, et en tout cas l'existence de plusieurs filons de blende galénifère exploitables est déjà positivement acquise

§ 2. — FER ET MANGANÈSE.

Ces deux métaux sont généralement associés dans les gîtes des départements d'Oran et d'Alger, le fer étant le métal principal, et le manganèse lui étant associé accessoirement en proportion, qui d'ordinaire varie de 1/2 à 3 ou 4 p. 0/0, et qui exceptionnellement peut s'élever jusqu'à 10 p. 0/0. Le manganèse isolé n'est encore connu que sur deux points, un dans chaque département. L'association à peu près constante du manganèse au fer dans les mine-

rais de la contrée est une des causes qui les font recher-
cher des métallurgistes.

La législation relative aux minerais de fer étant toute
spéciale, les gîtes de cette matière se partagent en deux
catégories, savoir : 1° les gîtes exploitables seulement par
voie souterraine, lesquels sont concessibles dans les mêmes conditions que toutes autres mines métalliques ; 2° les
gîtes exploitables à ciel ouvert sans dommage pour une
exploitation souterraine inférieure ; ce sont des minières
et elles appartiennent aux propriétaires du sol, qui, pour
les mettre en exploitation, n'ont d'autre formalité à rem-
plir qu'une déclaration à l'autorité préfectorale.

Les deux catégories sont représentées dans les départements d'Alger et d'Oran. La première est faiblement
représentée pour Oran, et d'une manière plus importante
pour Alger. Mais dans l'un et l'autre département, c'est la
catégorie des minières qui l'emporte, tant par le nombre
des gîtes que par les quantités de minerais existantes. En
général et en moyenne elle l'emporte aussi comme qualité,
ce qui n'empêche pas de trouver dans la première catégorie
des minerais aussi beaux que l'on en puisse voir.

Les minerais sont généralement des hématites, exceptionnellement du fer oligiste et du fer oxydulé.

La plupart des gîtes de fer existant dans les départements d'Oran et d'Alger étaient connus depuis longues
années, quant au simple fait de leur existence. Mais pen-
dant longtemps ils n'avaient guère obtenu d'autre attention
que celle des géologues, et leur importance était restée
ignorée. Il semblait alors que de bien longtemps il ne serait
point possible d'utiliser en Algérie une matière dont la
tonne a une valeur si faible, du moins en dehors d'un cas
aussi spécial que celui de Mokta-el-Hadid. Heureusement
la grande hausse qui s'est produite en 1872 et 1873 a vive-

ment attiré l'attention des commerçants et des industriels sur les minerais algériens, et cela avec d'autant plus de force que leur richesse et leur pureté les rend précieux dans les conditions nouvelles que la production en grand de l'acier a imposées à la métallurgie. Aussi des travaux de recherches et d'exploitation ont-ils été entrepris de tous côtés et plusieurs gîtes nouveaux ont-ils été découverts. Bien que beaucoup de ces travaux aient é é dirigés plutôt par les convenances du moment que par l'idée d'étudier positivement les gîtes, ils n'en ont pas moins montré combien ces gîtes sont importants dans leur ensemble, et combien sont considérables les capitaux dont ils peuvent rationnellement motiver l'immobilisation dans le sol pour leur mise en valeur. C'est là une notion maintenant acquise et qui ne se perdra pas; on le verra bien lorsque sera venue la fin de la crise qui pèse actuellement d'une façon si lourde sur toute la métallurgie du fer, et par suite sur les minerais de fer de tous les pays. Cependant, sans parler de l'exploration des régions encore inconnues, il reste beaucoup à faire pour définir plus précisément partout les quantités de minerais riches existantes, et beaucoup aussi pour rendre utilisables les minerais de moindre teneur, qui ne peuvent subir l'exportation et qui accompagnent les les minerais riches dans beaucoup de minières. On reviendra plus bas sur ce dernier point après avoir indiqué sommairement et individuellement les principaux gîtes connus.

1° Oran

Minières. — Les principales minières signalées dans le département d'Oran et portées au tableau annexe n° 1

sont au nombre de dix-sept dont huit peuvent être con-
sidérées comme inexplorées, bien que la plupart aient été
l'objet de quelques travaux sans importance. Il n'y a donc
rien de particulier à dire sur leur compte, si ce n'est qu'à
la minière de Bab-Mdheurba et à celle des Msirdas, le
minerai est très-manganésifère, et que l'ensemble de ces
gîtes doit correspondre à des quantités de minerai assez
considérables.

Sur les neuf autres il y en a trois qui ne paraissent pas
importantes comme quantités. Ce sont les gîtes de Rouïs-
sat, de Chabat-el-Aoussi et du Cap Falcon. Sur les six restantes, les travaux sont actuellement suspendus dans trois,
par suite des circonstances économiques ; ce sont celles de
Sidi-Safi, de Tazout et du Djebel-Orousse. Le travail per-
siste au contraire toujours à Camerata, à Tenikrent et à
Beni-Saf.

A Beni-Saf, on connaît huit gîtes distincts dont un
(R'ar-el-Baroud, l'emporte en importance sur tous les autres
gîtes de fer de la province ; des recherches soigneusement
dirigées y ont positivement démontré l'existence de plusieurs millions de tonnes de minerai riche. Aussi, outre
beaucoup d'aménagements extérieurs très-remarquables,
outre la création d'un centre de colonisation, a-t-on entrepris l'établissement d'un port dont les travaux se poursuivent activement. C'est un très-bel exemple de l'importance des capitaux que peut appeler un beau gîte de fer,
et de l'influence bienfaisante qui en découle pour le pays.

A Tenikrent, trois gîtes distinct sont connus, mais un
peu insuffisamment explorés. On ne connaît donc pas bien
les existences réelles. Mais ce point offre des facilités spé-
ciales pour l'embarquement.

A Camerata, on connaît six gîtes dont un seul a été
exploité jusqu'ici. Les autres ont été seulement l'objet de

quelques sondages peu profonds. Les produits vont s'embarquer à 4 kilomètres à l'Est des gîtes, à l'aide d'un chemin de fer et d'un plan incliné ; ils trouveraient peut-être avantage à changer de voie et à aller s'embarquer à la même distance, à l'Ouest, dans l'anse de Tenikrent. Quoiqu'incomplètement explorés, les gîtes de Camerata paraissent constituer une assez belle minière, ne manquant pas d'avenir.

Sidi-Safi est une minière comprenant deux gîtes situés à environ 6 kilomètres de la mer. Les quelques travaux qui y ont été faits reconnaissent un minimum de 150 à 200,000 tonnes, les minerais pourraient aller s'embarquer à Beni-Saf ou à Tenikrent.

A Tazout et au Djebel-Orousse il y a eu des recherches assez actives. Mais les teneurs du minerai y semblent moyennement un peu moins fortes qu'ailleurs. On n'a pas encore non plus de données bien certaines sur les quantités.

Gîtes de nature concessible. — Les gîtes de cette catégorie sont tous inexplorés dans le département d'Oran. Ils comprennent un gîte de manganèse oxydé signalé au Djebel-Tassa, dans la tribu des Beni-Snous.

2° Alger

Minières. — Les principales minières signalées dans le département d'Alger et portées au tableau annexe n° 2, se trouvent être au nombre de 17 comme dans la province d'Oran. Sur ce nombre 6 sont inexplorées, savoir : Sidi-Abd-er-Rahman, les Attafs, Oued-Kristiou, Oued-Aïdous, Aïn-Oudrer et Guedara, cette dernière tout récemment découverte. Malgré cette absence d'exploration il est à noter que les surfaces d'affleurement de l'Oued-Kristion et d'Aïn-Oudrer indiquent des gites d'étendue considérable, principalement à Aïn-Oudrer, et cela malgré la restriction provenant de la nécessité d'un certain triage, nécessité qui s'imposera pour l'un et l'autre gite, d'après ce qui s'observe aux affleurements. Le minerai d'Aïn-Oudrer est du fer oligiste mélangé parfois de fer oxydulé.

Sur les 11 autres, 4 sont visiblement des têtes de gites souterrains, ce qui restreint naturellement beaucoup leur importance en tant que minières. Ce sont les deux minières de l'Oued-Ikellalem, celle de Kef-el-Amheur et celle de l'Oued-Djer.

Sur les sept minières restantes, il y en a trois dont les affleurements et les travaux exécutés ne permettent point encore de juger l'importance réelle. Ce sont la minière de la rive droite de l'Oued-Rouïna, celle de Sidi-Sliman, et celle de l'Oued-Keddache. Cette dernière a pour minerai de beau fer oligiste.

Restent les minières de Beni-Aquil, Temoulga, Oued-Rouïna (rive gauche) et Zaccar Rharbi. La minière de Beni-Aquil a été explorée par des travaux de recherche très-développés, et on y a reconnu l'existence d'environ 1,200,000 tonnes. Les trois autres minières ont été exploitées partiellement et non réellement explorées. Les existences n'y sont donc point positivement connues, mais les surfaces d'affleurement sont si grandes, qu'on ne peut estimer ces existences à moins de plusieurs millions de tonnes en minerai riche, sans compter le minerai relativement pauvre et non expédiable. Elles ont, il est vrai, le désavantage d'être situées assez loin dans l'intérieur, ce qui est, d'ailleurs, le cas de la plupart des minières de la province d'Alger, mais elles sont très-voisines de la voie ferrée d'Alger à Oran.

Gites de nature concessible. — On peut signaler dans le département d'Alger neuf gites principaux de cette catégorie, comprenant un affleurement de manganèse hydroxydé entre Duperré et Lavarande, affleurement d'ailleurs inexploré. Sur les huit gites de fer, il y en a un qui n'est encore que très-superficiellement connu, celui de la forêt de Larath ; deux paraissent médiocres, ce sont Bel-Amin et Bouïnan. Deux sont des mines concédées, savoir : Soumah et Gouraya. Soumah est en exploitation ; Gouraya n'en est encore qu'à la période d'aménagement, mais les existences y sont assez considérables. Les deux gites de Sadouna et de Messelmoun sont l'un et l'autre étudiés et demandés en concession. Enfin, le dernier gite, celui du Djebel-Haddid, est exploré actuellement par des recherches très-actives et très-soignées, et donne d'assez belles espérances.

On voit par tout ce qui précède que, sans sortir de cercle des faits connus, s'il y a encore beaucoup à faire pour arriver à préciser les richesses dont on dispose effectivement, il n'en est pas moins pleinement acquis déjà que ces richesses sont très-grandes. On sait, de plus, qu'à côté des minerais riches expédiables, il existe de très-importantes quantités de minerais plus pauvres ne pouvant supporter des transports notables, mais qui deviendront une grande source de richesse pour le pays quand on pourra les mettre en valeur sur place par l'introduction de la métallurgie du fer en Algérie.

Il y a quelques années à peine que cette introduction aurait paru à bon droit une pure utopie. Il n'en est plus tout à fait de même aujourd'hui. On ne peut dire sans

doute que la question soit d'ores et déjà complétement
mûre ; mais il existe un concours de circonstances tech-
niques et économiques qui semblent bien prouver que cette
introduction, si intéressante pour l'Algérie, doit se réaliser
un peu plus tôt ou un peu plus tard. D'une part, en effet,
les progrès de la métallurgie ont diminué la quantité de
charbon nécessaire à la production d'une tonne de fonte
et déterminé un commencement effectif de mouvement du
charbon vers le minerai. De l'autre, le commerce général
d'Algérie a totalement changé de face dans ces dernières
années, non en ce qui concerne les rapports des valeurs
d'importation et d'exportation, mais en ce qui concerne
les conditions du fret. L'Algérie, en effet, qui n'expor-
tait autrefois que des poids comparables aux poids impor-
tés, exporte aujourd'hui des poids beaucoup plus forts.
Cela ressort nettement du relevé suivant qui a été obtenu
en consultant les états du commerce général dressés chaque année par la Douane, et y évaluant le poids de toutes
les marchandises dénommées ; on a obtenu ainsi les chiffres ci-après en milliers de tonnes.

ANNÉES	EXPORTATION	IMPORTATION	ANNÉES	EXPORTATION	IMPORTATION
1864	243	133	1871	458	195
1865	149	179	1872	775	201
1866	235	192	1873	745	205
1867	275	210	1874	844	217
1868	427	189	1875	889	227
1869	369	189	1876	896	243
1870	355	218			

Ces chiffres ne sont pas sans doute l'expréssion absolue des faits, car ils ne comprennent pas la catégorie des marchandises non-dénommées; mais cette catégorie existe à l'exportation aussi bien qu'à l'importation, et ce sont d'ailleurs des marchandises de faible poids relativement à leur valeur. Aussi leur omission ne saurait-elle altérer les différences résultant des chiffres ci-dessus consignés au delà de 10 à 20 milliers de tonnes. L'altération fût-elle triple ou même quintuple, cela ne changerait encore rien au caractère général des dits chiffres, lesquels font ressortir, à partir de 1872 tout au moins, une très-grande prépondérance de poids à l'exportation. On n'ignore pas d'ailleurs la cause de ce fait, qui tient principalement aux expéditions d'alfas, de minerais et de céréales et autres produits agricoles. Il est même à noter que le vin qui est encore un gros objet d'importation, doit avec le développement local des vignes, arriver, au bout d'un certain temps, à passer dans la catégorie de l'exportation, ne fût-ce qu'à l'état d'alcool. Il suit de là que les navires sont beaucoup moins chargés à l'arrivée qu'au départ, et que par suite le fret de sortie doit payer pour deux. Il y a donc là une condition économique très-puissante qui appelle l'importation d'une marchandise lourde relativement à sa valeur, afin d'équilibrer et de diminuer les frets. Et ce qui est vrai pour le transport maritime, est vrai également pour les transports de terre qui, eux aussi, ont leur principal courant du dedans vers le dehors, et sont fortement grevés par les retours à vide.

Il semble donc évident que c'est là une situation générale très-favorable à l'arrivée du charbon en Algérie, et par suite à l'introduction dans ce pays de la métallurgie du fer, laquelle est le principal consommateur de charbon; il le semble surtout alors que l'on rapproche ces faits de l'existence de grandes quantités de minerai de fer trop pauvres pour être expédiés, mais excellents à traiter sur place.

Sans insister davantage sur ce sujet, on peut ajouter que ces considérations ou leurs analogues paraissent avoir frappé déjà plus d'un esprit, et qu'en fait la question de l'établissement de Hauts Fourneaux en Algérie est actuellement étudiée de divers côtés. Ce n'est point donc trop s'avancer que d'exprimer l'espoir qu'elle pourra recevoir un commencement de solution dans un délai qui ne sera pas trop long. Et ce seul espoir est certes bien propre à mettre en plein relief la grande importance pour l'Algérie des beaux minerais de fer qu'elle possède.

§ 3. Combustibles minéraux

Dans la catégorie des combustibles minéraux, on n'a encore signalé que bien peu de chose, et en fait de combustibles solides, rien ne fait prévoir jusqu'à présent qu'on doive jamais trouver beaucoup mieux. Quelques indices de lignites tertiaires ou quaternaires, deux gîtes de fort médiocre anthracite dans les terrains anciens, voilà le bilan de la Province d'Oran ; quelques indices de lignite tertiaire ou crétacé, voilà celui de la Province d'Alger. Heureusement comme il a été exposé ci-dessus la situation générale se trouve très-favorable à l'importation des charbons étrangers. Il n'y a donc peut être pas lieu au fond de trop vivement regretter cette lacune dans les gîtes minéraux algériens.

Pour les combustibles minéraux non solides, on ne connaît encore que fort peu de chose, et cela dans le département d'Oran seulement. Mais il semble qu'on puisse à ce sujet espérer mieux à bon droit de l'avenir. Dans le Dahra en effet, le long de la rive droite du Chéliff, il a été découvert assez récemment trois sources de pétrole, distantes d'environ 12 kilomètres les unes des autres. Ces sources sont situées, l'une chez les Ouled-Sidi-Brahim, l'autre chez les Beni-Zinthis et la troisième chez les Beni-Zéroual. A leur état naturel, elles sont extrêment faibles; le pétrole y est amené au jour par une eau très-chargée de sels et dont la température indique qu'elle vient d'une profondeur assez notable. Le pétrole à son émergence se concrète en bitume qui est ensuite entraîné au Chéliff par les pluies. Les deux premières sources n'ont encore été l'objet d'aucun travail. Celle des Beni-Zéroual, qui porte le nom d'Aïn-Zeft, a été baissée de quelques mètreset, le débit en a beaucoup augmenté. Ces sources ne sont point sans doute fort importantes par elles-mêmes; mais il semble qu'on puisse les considérer avec quelque probalité comme l'indice d'une nappe pétrolifère sous-jacente, et si cette prévision se réalisait, il y aurait là pour le pays une nouvelle source de richesse qui ne serait pas à dédaigner.

§ 4. — Carrières principales

On divise ces sortes de gîtes en marbres, pierres à bâtir, matériaux hydrauliques et plâtrières.

On y comprend aussi les terres à poteries fort nombreuses partout en Algérie, mais sans intérêt comme gisements. Il est à noter toutefois qu'elles donnent lieu à une industrie assez développée. Sans parler des poteries indigènes, dont certains spécimens sont assez remarquables, les briqueteries et tuileries européennes ont commencé à employer la vapeur, et 3 machines d'ensemble, 28 chevaux, sont consacrées à cet usage.

1° Marbres. — Le département d'Oran possède un

marbre unique, c'est l'onyx translucide, dont on connait deux gites situés, l'un près du village de Pont-de-l'Isser, l'autre près du marabout de Sidi-Brahim, à 12 kilomètres de Nemours. On n'a encore tiré qu'un assez médiocre parti commercial de cette matière dont la beauté est toute spéciale.

Dans le même département, on connait à l'Oued-Madagre un gite de fort belle serpentine qui est resté inexploré. Au Djebel-Orousse, on travaille actuellement à mettre en valeur des gisements de marbre ordinaire qui paraissent assez beaux. Deux autres gisements de marbres analogues ont été signalés à Aïn-Tolba et au Djebel-Touïba, mais ils sont restés inexplorés.

Dans le département d'Alger, on peut signaler les marbres brèches de Bou-Zegza et de l'Oued-Keddara donnés à bail depuis longtemps par le Domaine, mais restés sans exploration, et les marbres brèches du Chenouah très-beaux, très-abondants et très-proches de la mer, que l'on cherche actuellement à mettre en valeur.

L'industrie du marbre se développera certainement tôt ou tard avec les progrès de la poputation ; mais elle est encore à la période embryonnaire.

2° Pierres à bâtir. — Les carrières de cette espèce sont extrêmement nombreuses, mais exploitées seulement pour les besoins locaux. On peut citer, pour le département d'Oran les belles carrières de Raz-el-Aïn, près d'Oran, les carrières des environs de Tlemcen, d'Aïn-Témouchent et de Mostaganem, et la belle carrière de l'Oued-Bou-Kourdan qui fournit des matériaux pour la construction du port de Beni-Saf.

Dans le département d'Alger, on peut citer les carrières

de Ténès, de Milianah, d'Aumale, de Dellys, de Drariah et celles des environs d'Alger.

3° Matériaux hydrauliques. — Les deux départements contiennent nombre de gîtes de pouzzolane naturelle; mais cette matière reste depuis longtemps sans emploi.

On a employé, au contraire, des calcaires hydrauliques, notamment celui de l'Oued-Ferguey, dans le département d'Oran. Les principaux gîtes sont indiqués aux tableaux annexes. Des explorations *ad hoc* en feraient certainement trouver beaucoup d'autres.

4° Plâtrières. — Le gypse foisonne, on peut le dire, dans l'un et l'autre département. Il existe par grandes quantités, soit en gîtes nettement éruptifs, soit en couches stratifiées; mais très-peu de gîtes sont exploités. On peut signaler spécialement, pour le département d'Oran, la plâtrière de la Tafna, et les plâtrières de Fleurus; pour Alger, les plâtrières de l'Oued-Ouzra et de l'Arba. Ce sont celles dont les produits sont le plus employés.

§ V. — Salines, Sources salées, Sel gemme.

Le sel est très-abondamment répandu en Algérie, mais dans des conditions telles qu'il ne peut généralement servir qu'aux besoins locaux, cette denrée ne supportant pas beaucoup de transport. Les principaux gîtes sont indiqués aux tableaux annexes. Il n'y a d'exploitation réelle que dans les trois salines du département d'Oran, savoir la partie orientale de la Sebkha d'Oran, la saline de Bou-Zian et celle d'Arzew. Le sel d'Arzew notamment est très-pur et très-estimé, et son exploitation paraît appelée à prendre du développement, quand les voies de communication entre la saline et Arzew auront reçu les améliorations nécessaires. Jusqu'ici les capitaux ont fait défaut aux exploitants.

§ VI. — SOURCES THERMO-MINÉRALES

On connaît actuellement un grand nombre de sources thermo-minérales dans les départements d'Oran et d'Alger; les tableaux nᵒˢ 3 et 4 en donnent la désignation, la position, le débit et la température, et rendent inutiles à cette place d'autres développements à ce sujet. Beaucoup d'entr'elles sont employées par les Indigènes à des usages thérapeutiques depuis un temps immémorial, et quelques-unes sont recherchées aussi et employées par les Européens. C'est déjà une très-notable utilité pour le pays que de pouvoir y trouver des remèdes appréciés sans être forcé d'aller chercher au loin leurs similaires. Ce serait cependant un ordre d'utilité générale, peut-être, plus grand encore que d'arriver à obtenir sur plusieurs points du territoire algérien les résultats obtenus en Europe dans tant d'établissements thermaux, et d'attirer une population étrangère, dont les voyages et le séjour temporaire ne pourraient que contribuer puissamment au développement de la prospérité de l'Algérie. Si on veut bien réfléchir que les eaux algériennes auraient justement leur belle saison, alors que la plupart des établissements d'Europe sont nécessairement fermés par suite des rigueurs de la température, il semble que l'Algérie peut être considérée comme appelée, sous ce rapport, à combler une importante lacune dans le système général de l'emploi thérapeutique des eaux thermo-minérales, et que par suite les efforts dirigés dans ce sens poursuivent un but rationnel susceptible d'être atteint avec une persévérance suffisante. Ce but, bien distinct d'ailleurs de l'utilisation locale depuis longtemps en usage, n'a été nettement entrevu que tout récemment. Des efforts sérieux commencent à être faits dans ce sens ; deux sources ou groupes de sources sont demandés en concession dans le département d'Oran, savoir : Aïn-Nouïssy et Hammam-bou-Hadjar, et deux autres le sont aussi dans le département d'Alger, savoir : Hammam-Melouan et Hammam-Rhira. On en est encore aux préliminaires, c'est-à-dire à l'instruction administrative. Toutefois, à Hammam-Rhira les demandeurs n'ont pas craint de se mettre en avant, et ils ont commencé la construction d'un établissement à la fois confortable et pittoresque, qui sera incessamment édifié.

§ VII. — RECHERCHES D'EAUX PAR SONDAGES.

L'Addministration a fait exécuter en Algérie de nombreux sondages pour recherches d'eaux artésiennes ou ascendantes, et la plus grande partie de ces sondages sont arrivés au résultat cherché. Les plus beaux succès ont été obtenus dans la province de Constantine, et ce n'est pas ici le lieu d'en parler en détail. Tout ce qui a été fait en ce genre dans les trois provinces jusqu'à la fin de 1875 est d'ailleurs énuméré et décrit dans la brochure de M. Ville, intitulée : « *Notice sur les puits artésiens des provinces d'Alger, d'Oran et de Constantine* », publiée à Alger en 1876. Il serait beaucoup trop long et, du reste, sans utilité, de reproduire ou même de résumer ici ce travail. Il suffira d'indiquer, pour montrer la grandeur des efforts accomplis, qu'à la date susdite il avait été exécuté dans les trois provinces, pour recherches d'eaux, 297 forages, dont les profondeurs cumulées donnaient un total de 20,904 mètres (déduction faite des profondeurs de puits indigènes, au fond desquels plusieurs forages français ont été creusés dans la région de l'Oued-Rhir et du Hodna).

Il y a lieu de noter toutefois que pour le département d'Alger les résultats obtenus ne sont pas dûs exclusivement aux efforts de l'Administration.

Depuis 1870, en effet, plusieurs propriétaires de la plaine de la Mitidja et des environs d'Alger, instruits d'ailleurs par les résultats déjà obtenus, ont tenu à faire des recherches d'eau sur leurs propriétés et ont effectivement exécuté des sondages qui, presque tous, ont été couronnés de succès.

L'Administration a encouragé ce mouvement de l'initiative privée en prêtant gratuitement ses appareils, sous la seule charge de les rendre en bon état, et allouant à titre de subvention, les tuyaux nécessaires au tubage, pour tous ceux de ces sondages qui ont présenté quelque intérêt public. Il a été fait de cette façon jusqu'au 31 décembre dernier, 32 sondages dont les profondeurs actuelles atteignent le total de 1,708 mètres et dont les dépenses se sont élevées au total de 85,000 francs. Ce développement de l'initiative privée pour une branche de travaux extrêmement spéciale a semblé intéressant à noter.

Pour compléter la présente notice, il semble utile d'ajouter quelques mots sur le développement industriel.

Au point de vue métallurgique, on a vu plus haut qu'il y a tout lieu d'espérer un développement notable pour l'avenir. Dans le passé il a été entrepris des usines de fusion à Gar-Rouban, à Beni-Aquil et à Mouzaïa, usines que les conditions économiques de l'époque n'ont pas permis de maintenir. Pour le présent il n'existe qu'un four de calcination à Mazis, qui n'a pu fonctionner beaucoup encore, et on va en établir deux à Fillaoucen.

Au point de vue général il y a un indice qui, sans représenter rigoureusement le mouvement industriel, donne cependant un bon renseignement sur son allure : C'est la quantité de machines à vapeur employées.

Le tableau ci-dessous donne ces quantités pour les 4 années 1866, 1870, 1873 et 1876 en comptant à part les locomotives.

ANNÉES	NOMBRE			FORCE EN CHEVAUX-VAPEUR		
	des machines à vapeur	des locomotives	TOTAL	des machines à vapeur	des locomotives	TOTAL
1866	75	9	84	762	2.599	3.325
1870	140	19	159	1.208	5.527	6.735
1873	145	48	193	1.345	18.597	19.942
1876	176	61	237	1.616	19.105	20.721
Excédant de 1876 sur 1866	101	52	153	890	16.506	17.395

L'accroissement depuis 1866 est remarquable et montre un progrès soutenu et considérable, qu'il était intéressant de signaler.

TABLEAU Nᵒ 1 (ORAN)

Nᵒ D'ORDRE	DÉSIGNATION	SITUATION	NOMBRE d'ouvriers employés au 1er juillet 1877	OBSERVATIONS

NOTA. — Les gîtes qui ne sont connus que par des indices et sont restés inexplorés ou à peu près inexplorés, sont marqués d'une astérisque.

§ 1er. — Plomb, cuivre, zinc et métaux connexes

Nᵒ D'ORDRE	DÉSIGNATION	SITUATION	NOMBRE	OBSERVATIONS
1	Mine de plomb et de cuivre de *Gar-Rouban* (concédée).......	30 kil. S. de Lalla Maghnia.	70	
2	Mine de plomb et zinc de *Mazis* (concédée)	10 kil. N.-O. de Lalla Maghnia.	6	
3	* Gîte de galène et calamine d'*Aïn Tolba*	22 kil. S.S.-E. de Nemours.	»	
4	* Minerais de cuivre de *Sidna Oucha*	6 kil. E.N.-E de Nemours.	»	
5	* Gîtes de cuivre et plomb de *Sidi Aramon*	Limitrophes de la concession de Gar Rouban	»	

6	Gîtes de cuivre d'*Atta*............	20 kil. S., un peu E. de Lalla Maghnia.	»	Il y a des travaux anciens. — Il y a eu des recherches récentes insuffisantes.
7	Mine de zinc et plomb du *Fillaou-cen* (récemment concédée)....	22 kil. S.-E. de Nemours	7	
8	* Minerai de plomb de *El-Ary*, chez les Beni Ouarsous (Trarast	20 kil. E. de Nemours	»	Tout récemment découverte.
9	Gîtes de cuivre et plomb de *Tléta* (chez les Beni Senous).......	30 kil. S.-O. de Tlemcen	»	Exploration insuffisante il y a quelques années.
10	* Gîtes de plomb de *Coudiat Ressas*	12 kil. S.-O. de Sebdou	»	
11	Gîtes de cuivre et métaux divers du *Djebel Mzaïta*............	40 kil. O.S.-O. d'Oran	»	Id.
12	Gîte de plomb de *Tazout*.......	3 kil. N. de St-Cloud	»	Recherches assez développées, actuellement suspendues.
13	* Gîte de galène chez les *Ksetaa*.	Subdivision de Mascara	»	
14	Gîte de plomb de *Karouba*......	6 kil. E. de Mostaganem	»	Id.

§ 2. — Gîtes de fer et de manganèse

1° MINIÈRES

1	* Minière des *Msirdas*..........	Frontière du Maroc à 6 kil. de la mer	»	Minerai très-manganésifère.
		A reporter....	83	

TABLEAU N° 1 (Suite)

N° D'ORDRE	DÉSIGNATION	SITUATION	NOMBRE d'ouvriers employés au 1er juillet 1877	OBSERVATIONS
		Report.......	83	
2	* Minière de *Sidi-Yacoub*.......	30 kil. S. un peu E. de Lalla Maghnia	»	
3	* Minière de *Bab Medheurba* chez les Beni Ouarsous (Trarasi....	23 kil. E. de Nemours	»	Minerai très-manganésifère.
4	Minières du *Djebel Rouissat*	26 kil. O. d'Aïn Temouchent	»	Trois gîtes dont un reconnu inexploitable et deux autres inexplorés.
5	* Minières du *Djebel Skouna*.....	21 kil. O. id.	»	
6	* Minières de l'*Oued bou Kourdan*	22 kil. E. id.	»	
7	* Minières de *Nedjaria*.........	21 kil. O. id.	»	
8	Minières de *Beni Saf*..........	21 kil. O. id.	730	Gîtes très-importants pour lesquels un port est en construction. — Sur les 730 ouvriers employés au 1er juillet 1877, 240 travaillaient aux mines et 490 aux aménagements extérieurs.

9	* Minière de *Gadet Er-Remla*...	19 kil. O. id.	»	
10	Minières de *Tenikrent*..........	28 kil. O.N.-O. id.	»	Travaux momentanément suspendus en juillet 1877. Ils ont été repris depuis.
11	Minières de *Sidi Safi*..........	16 kil. O. un peu N. id.	»	Explorations assez développées, actuellement suspendues.
12	Minières du *Djebel Haouaria* ou de *Camerata*................	16 kil. O.N.-O. id., sur le bord de la mer	36	Gîtes importants, objet de travaux actifs.
13	Minières de *Chabet El-Haoussi*...	32 kil. O.S.-O. d'Oran	»	Il y a eu quelques travaux d'exploration peu encourageants.
14	Minières du *Cap Falcon*.........	14 kil. N.-O. d'Oran	»	Id.
15	* Minière du *Djebel Ahoum*.....	14 kil. N.O. de Misserghin	»	
16	Minières de *Tazout*.............	3 kil. N. de St-Cloud	»	Explorations assez développées, actuellement suspendues.
17	Minières du *Djebel Orousse*......	10 kil. O. d'Arzew	»	Id.

2º GÎTES DE NATURE CONCESSIBLE

1	* Gîte de fer d'*Aïn Kebira*......	6 kil. E.N.-E de Nedroma	»
		A reporter.....	849

TABLEAU No 1 (Suite)

No D'ORDRE	DÉSIGNATION	SITUATION	NOMBRE d'ouvriers employés au 1er juillet 1877	OBSERVATIONS
		Report.......	849	
2*	Gîte de maganèse oxydé du Djebel Tassa, chez les Beni Senous..................	30 kil. S.-O. de Tlemcen	»	
3	Gîte d'ocre jaune de Ras El-Aïn.	Environs d'Oran	3	
4*	Gîte de fer oligiste du Djebel Mansour et du Cap Ferrat.....	6 kil. O.N.-O. d'Arzew	»	
5*	Gîte d'hématite des Beni Menia-rin......................	Environs de Saïda	»	

§ 3. — Combustibles minéraux

No D'ORDRE	DÉSIGNATION	SITUATION	NOMBRE	OBSERVATIONS
1*	Lignite des Ouled Mimoun....	A Lamoricière	»	Indices peu développés.
2*	Anthracite du Djebel Lindless..	20 kil. O. d'Oran sur le bord de la mer.	»	Combustible de qualité médiocre.

3	Lignite du *Ravin-Rouge*	Environs d'Oran	»	Exploration peu encourageante.
4	* Anthracite de la montagne des *Lions*			Combustible de qualité médiocre.
5	* Bitume aux *Ouled Sidi Brahim* (Dahra)	A 800 mètres de la rive droite du Cheliff	»	
6	* Bitume des *Beni Zinthis* (Dahra)	Près de la rive droite du Cheliff	»	
7	Source de pétrole des *Beni Zeroual* (Dahra)	2,400 mètres de la rive droite du Cheliff	6	
	TOTAL		858	

TABLEAU N° 1 (Suite)

§ 4. — **Carrières principales**

1° MARBRES

N° D'ORDRE	DÉSIGNATION	SITUATION	OBSERVATIONS
1	Marbre onyx de *Sidi-Brahim*............	12 kil. S.-O. de Nemours	A été à peine exploité. — Il est moins beau que celui de l'Isser
2	* Id. d'*Aïn Tolba*............	16 kil. S.-E. Id.	
3	Id. onyx de l'*Isser*.........	30 kil. N.N.-E. de Tlemcen	Très-belle matière en ce moment inexploitée.
4	* Id. du *Djebel Touila*........	52 kil. S.-O. d'Oran	
5	* Serpentine de l'*Oued-Madagre*........	36 kil. O.S.-O. d'Oran	
6	Marbre du *Djebel-Orousse*............	10 kil. O. d'Arzew	

2° PIERRES A BATIR

1	Carrières de *Beni-Saf*..................	21 kil. O. d'Aïn-Te-mouchent	Calcaires jurassiques durs employés pour le port.
2	Carrières de pierres de taille des environs de *Tlemcen*....................	Environs de Tlemcen	Grès et calcaires jurassiques durs.
3	Carrières de pierres de taille d'*Aïn-Temouchent*....................	Environs d'Aïn-Temouchent	Calcaires d'eau douce quaternaires.
4	Carrières de pierres de taille de *Raz-el-Aïn*....................	Environs d'Oran	Calcaires sahéliens (miocène supérieur) tendres, très exploités.
5	Carrières de gros blocs et de pierres de taille de *Mostaganem*..............	Environs de Mostaganem	Grès tertiaires jaunâtre.

3° PIERRES A CHAUX HYDRAULIQUE ET POUZZOLANES

1	Pouzzolanes naturelles des environs de *Nemours*....................	1 kil. 5 de Nemours	Inexploité actuellement.
2	Pouzzolanes naturelles de *Rachgoun*...	Ile de Rachgoun, devant l'embouchure de la Tafna	Id.
3	* Calcaire hydraulique de *Bou-Médine*.	Environs de Tlemcen	Calcaire jurassique.
4	Calcaire hydraulique des *Ouled-Mimoun*	Lamoricière	Calcaire helvétien (miocène moyen)

TABLEAU N° 1 (Suite)

N° D'ORDRE	DÉSIGNATION	SITUATION	OBSERVATIONS
5	Pouzzolanes naturelles des environs d'*Aïn-Temouchent*.................	Aïn-Temouchent	Inexploitées actuellement.
6	Calcaire hydraulique de l'*Oued-Fergoug*.	Environs de Perrégaux	A servi pour le barrage de l'Habra.

4° PLATRIÈRES

N° D'ORDRE	DÉSIGNATION	SITUATION	OBSERVATIONS
1	Plâtrières de la *Tafna-Inférieure*......	40 kil. N. de Tlemcen	Produits employés à Tlemcen.
2	Id. du *Téssala*.................	10 kil. N.N.-O. de Sidi-Bel-Abbès	Id. à Sidi-bel-Abbès.
3	Id. de *Fleurus*.................	20 kil. E. d'Oran	Ce sont les principales du département.
4	Id. des environs de *Mascara*....	1 kil N.-O de Mascara	Produits employés à Mascara.

§ 5. Salines, sources salées

1	Source salée de *Telloul*..............	31 kil. E. de Tlemcen	Employée par les indigènes.
2	*Sebkha d'Oran* (lagunes de l'extrémité orientale).....................		Louée par le Domaine.
3	Saline d'*Arzew*....................	16 kil. S. d'Arzew	Concédée temporairement.
4	Id. de *Bou-Zian*..............	12 kil E. de Relizane	Louée par le Domaine.
5	Id. de *Borgia*..............	20 kil. S.S.-E. de Mostaganem	A peu près épuisée aujourd'hui.
6	Sel gemme des *Ouled-Khalfl*..........	9 kil. O. d'Aïn-Temouchent	Exploitée autrefois par les indigènes.
7	Id. d'*Aïn-Ouarka*............	20 kil S. du Ksar-de-Tiaret et à 240 kil. S.S.-E. de Tlemcen	Le sel y est associé à du gypse et à une roche éruptive verte.

TABLEAU Nº 2 (ALGER)

Nº D'ORDRE	DÉSIGNATION	SITUATION	NOMBRE d'ouvriers employés au 1er juillet 1877	OBSERVATIONS

Nota. — Les gîtes qui ne sont connus que par des indices, et sont restés inexplorés entièrement ou à peu près, sont marqués d'une astérisque.

§ 1er. — Plomb, cuivre, zinc, argent et métaux connexes

Nº D'ORDRE	DÉSIGNATION	SITUATION	NOMBRE d'ouvriers employés au 1er juillet 1877	OBSERVATIONS
1	* Minerais de cuivre pyriteux du *Djebel-Hadid*...............	3 kil. S.-O. de Ténès	»	
2	Mine de cuivre, fer et plomb de l'*Oued-Allelah* (concédée)......	Environs de Ténès	»	Inexploitée depuis 1858.
3	Mine de cuivre, fer et plomb de l'*Oued-Taffilès* (concédée).....	Id.	»	Inexploitée depuis 1849.
4	Mine de cuivre, fer et plomb du *Cap Ténès* (concédée).........	Id.	»	Id.
5	* Minerais de cuivre et plomb de l'*Oued-bou-Hallou*...........	11 kil. S. de Ténès	»	Ces minerais paraissent assez riches en argent.

6	* Minerais de cuivre pyriteux et cuivre gris de *Sidi-bou-Aïssi*..	10 kil. S.-E. de Ténès	»	
7	Mine de cuivre, plomb, argent et métaux connexes des *Beni-Aquil* (concédée)............	24 kil. E.S.-E. de Ténès	»	Inexploitée depuis 1861.
8	* Minerai de cuivre du *Djebel-Temoulga*................	22 kil. E. d'Orléans-ville	»	Il existe sur ce gîte un travail ancien.
9	* Gîtes de galène et de calamine de l'*Ouarencenis*	44 kil. S.-E. d'Orléans-ville	»	
10	* Minerai de cuivre pyriteux de l'*Oued-Dhamous*............	44 kil. O. de Cherchell	»	
11	* Minerais de cuivre et plomb de l'*Oued-Rehan* et d'*Aïn-Kerma*..	6 kil. O.S.-O. de Milianah	»	
12	* Gîtes de plomb et cuivre de l'*Oued-Adelia* et d'*Aïn-Sultan*..	8 kil. S.-E. de Milianah	»	
13	* Minerai de cuivre pyriteux de *Hammam-Rhira*............	18 kil. E.N.-E de Milianah	»	
14	Mine de cuivre et de fer des *Mou-zaïas* (concédée)	20 kil. S.S.-E. de Blidah	»	Travaux suspendus depuis 1876.
15	Mine de cuivre de l'*Oued-Merdja* (concédée)................	12 kil. S.-E. de Blidah	»	Inexploitée depuis 1868.
16	Mine de cuivre de l'*Oued-Kebir* (concédée)................	4 kil. S.S.E.- de Blidah	»	Inexploitée depuis 1866.

TABLEAU Nº 2 (Suite)

Nº D'ORDRE	DÉSIGNATION	SITUATION	NOMBRE d'ouvriers employés au 1er juillet 1877	OBSERVATIONS
17	* Gîtes de cuivre gris, galène et blende des environs de *Dalmatie*....................	4 kil. E.N.-E. de Blidah	»	
18	Galène de la *Pointe-Pescade*.....	6 kil. N.-O. d'Alger	»	Gîte irrégulier dans les dolomies de la Bouzaréah.
19	* Minerai de cuivre gris de l'*Oued-Bouman*....................	12 kil. S.S.-O. de Rovigo	»	
20	* Cuivre gris et galène de l'*Oued-Ouradzgea*....................	10 kil. S. de Rovigo	»	
21	Gîte de galène et blende de *Saka-mody*	36 kil. S.-E. d'Alger	26	Exploration active.
22	Gîte de blende et galène de *Rar-bau*, près de Sakamody.......	Id.	9	Exploration assez active.
23	* Gîte de blende et galène du *Hassuel-Mezzian*.............	4 kil. S.-E. du Fondouk	2	Récemment découvert.
24	Gîtes de galène de l'*Oued-Arba-tach*	14 kil. S. un peu . du Fondouk	10	Exploration active.

| 25 | Gîtes de blende et galène de Guerrouma.............. | 14 kil. O. de Palestro | 9 | Exploration active. |
| 26 | * Gîtes de blende et galène au Dra-Matmora.............. | 8 kil. O. de Palestro | » | Récemment découvert. |

§ 2. — Fer et manganèse

1° MINIÈRES

1	* Minière de *Sidi-Abder-Rahman*.	18 kil. O. de Ténès	»	
2	Minières de *Temoulya*..........	3 kil. S.-E. de la gare de Temoulga	»	Très-beaux gîtes. — Travaux arrêtés au milieu de 1876.
3	* Minières des *Attafs*..........	3 kil. S.-O. de la gare des Attafs	»	
4	Minière de *Beni-Aquil*..........	26 kil. E.S.-E. de Ténès	»	Exploration très-complète. — Exploitation renvoyée à plus tard.
5	Minières de la rive gauche de l'*Oued-Rouina*	4 kil. S. de la gare de l'Oued-Rouïna	»	Très-beaux gîtes. — Travaux arrêtés depuis fin 1875.
6	Minières de la rive droite de l'*Oued-Rouina*..............	Id.	»	Travaux arrêtés depuis trois ans.
7	Minières de la rive gauche de l'*Oued-Ikellalem*..............	4 kil. S.-O de Gouraya	3	Travaux assez lents.
		A reporter...	59	

TABLEAU N° 2 (Suite)

N° D'ORDRE	DÉSIGNATION	SITUATION	NOMBRE d'ouvriers employés au 1er juillet 1877	OBSERVATIONS
		Report......	59	
8	Minières de la rive droite de l'*Oued-Ikellalem*............	Id.	»	Travaux arrêtés.
9	Minières de *Sidi-Sliman*........	11 kil. S.-O de Duperré	»	Id.
10	Minière de *Kef-el-Anbeur*........	A 1 kil. S. de Novi	»	Travaux arrêtés. — Semble presque épuisée.
11	* Minières de l'*Oued-Kristiou*....	6 k. O. de Milianah	»	
12	Minières du *Zaccar-Rharbi*......	Auprès de Milianah	»	Travaux suspendus depuis fin 1876, après une période de grande activité.
13	* Minière de l'*Oued-Afdoun*......	Au kilomètre 126 de la route d'Alger à Milianah	»	
14	Minière de l'*Oued-Djer*..........	77e kil. sur la voie ferrée d'Alger à Oran	»	Inexploitée depuis 1873.
15	* Minières d'*Aïn-Oudrer*........	4 kil. S. du Col-des Beni-Aïcha	»	

16	* Minière de *Guedara*............	1,500 mètres S., id.	»	Très-récemment découverte.
17	Minière de l'*Oued-Keddache*......	4 kil. N., id.	»	Travaux arrêtés depuis le milieu de 1876.

2° GITES DE NATURE CONCESSIBLE

1	Gîtes d'hématite du *Djebel-Hadid*.	6 kil. S.-O. de Ténès	50	Exploration très-active.
2	* Hématite de la forêt domaniale de *Larrath*...............	10 kil. O.S.-O. de Gouraya	»	Exploration encore très-rudimentaire.
3	Hématites d'*Ain-Sadouna*.......	4 kil. S. de Gouraya	»	Exploration terminée. Demande en concession pendante.
4	Mine de *Gouraya* (concédée)....	A Gouraya et à 24 kil. O. de Cherchell	85	Travaux très-activement poursuivis.
5	Hémathites de l'*Oued-Messelmoun*	A 8 kil. E. de Gouraya	156	Recherches très actives. — Demande en concession pendante.
6	* Manganèse hydroxydé entre *Duperré* et *Lavarande*........	Au 136e kil. de la voie ferrée d'Alger à Oran	»	
7	Hématites de *Bel-Amin*.........	Limitrophes de la concession de Soumah	»	Recherches arrêtées depuis 1874.
8	Mine de *Soumah* (concédée).....	6 kil. S. de Boufarik	35	Travaux en activité.
9	Hématites de *Bouinan*..........	14 kil. N.-E. de Blidah	»	Recherches arrêtées depuis 1874.
		A reporter....	385	

TABLEAU N° 2 (Suite)

N° D'ORDRE	DÉSIGNATION	SITUATION	NOMBRE d'ouvriers employés au 1er juillet 1877	OBSERVATIONS
		Report......	385	
	§3. — **Combustibles minéraux**			
1	* Lignite de *Bled-Boufrour*......	12 kil. N. d'Orléans-ville	»	
2	* Lignite de la rive droite de l'*Oued-Zaouïa*..............	7 kil. S.-O. de Zurich	»	
3	* Indices de combustible du *Dje-bel-Amar*	El-Gricha et Gue-mentah	»	
4	* Indices de combustible miné-ral à *Bou-Saâda*.............	Environs de Bou-Saâda	»	
		Total......	385	

TABLEAU N° 2 (Suite)

N° D'ORDRE	DÉSIGNATION	SITUATION	OBSERVATIONS

§ 4. — **Carriéres principales**

1° MARBRES

N° D'ORDRE	DÉSIGNATION	SITUATION	OBSERVATIONS
1	Carrière de marbre du *Chenouah*, sur le bord de la mer....................	12 kil. N. de Marengo	Marbre brèche nummulitique. — Travaux suspendus depuis 1875.
2	Carrière de marbre du *Bou-Zegza*......	8 kil. S.-E. du Fondouk	Marbre brèche nummulitique. — Inexploitée.
3	Id. de *l'Oued-Keddara*.	Id.	Id. Id.

2° PIERRES A BATIR

N° D'ORDRE	DÉSIGNATION	SITUATION	OBSERVATIONS
1	Carrières de pierres de taille de *l'Oued-Sly*....................	20 kil. O.S.-O. d'Orléansville	Calcaire helvétien coquillier.
2	Carrières de gros blocs et de pierres de taille de *Ténès*....................	Environs de Ténès	Grès quaternaires.

TABLEAU Nº 2 (Suite)

Nº D'ORDRE	DÉSIGNATION	SITUATION	OBSERVATIONS
3	Carrières de pierres de taille et de pierres à chaux de *Milianah*............	Environs de Milianah	Travertin quaternaire.
4	Id. de *Soumah*........	6 kil. S. de Bouffarik	Grès cartenniens.
5	Carrières de gros blocs et moellons de de la *Bouzaréah*..............	Environs d'Alger	Calcaires anciens
6	Carrières de pierres de taille de *Kouba*	6 kil. S. d'Alger	Calcaires coquilliers sahéliens.
7	Id. de *Drariah*	10 kil. S.-O. d'Alger	Id.
8	Id. moellons et pierres à chaux d'*Aumale*..............	Environs d'Aumale	Calcaires gris crétacés.
9	Carrières de pierres de taille de *Dellys*.	Dellys	Grès miocènes.

3º PIERRES A CHAUX HYDRAULIQUE ET POUZZOLANES

Nº D'ORDRE	DÉSIGNATION	SITUATION	OBSERVATIONS
1	Calcaire hydraulique des environs de *Ténès*...... :..............	Environs de Ténès	Inexploité
2	Pouzzolane naturelle de *Teniet-el-Haad*	Environs de Teniet-el-Haad	Id.

3	Pouzzolane naturelle d'*El-Affroun*.....	Environs d'El-Affroun	Inexploitée
4	Calcaire hydraulique des gorges de la *Chiffa*...................	12 kil. S.-O. de Blidah	Exploité d'une façon intermittente.
5	Calcaire hydraulique des environs de *Dellys*...................	3 kil. E.S.-E. de Dellys	Calcaire nummulitique.

4º PLATRIÈRES

1	Plâtrière du Camp de *Kerbak*.........	19 kil. S.-O. de Ténès	Produits employés à Orléansville et à Ténès.
2	Id. du *Zaccar*	2 kil. N.N.-E. de Milia-nah	Id. à Milianah.
3	Id. de *Chatterbach*, sur le chemin de fer d'Alger à Oran............	5 kil. O.S.-O. d'El-Affroun	Id. à Alger.
4	Plâtrières de l'*Oued-Ouzra*...........	8 kil. N.N.-E. de Médéah	Id. à Médéah.
5	Plâtrière sur la route de l'*Arba* à *Aumale*....................	30 kil. S.S.-E. d'Alger	Id. à Alger.
6	Plâtrière sur la route d'*Aumale*.......	Environs d'Aumale	Id. à Aumale.

§ 5. — Salines, sources salées, sel gemme

1	Source salée d'*El-Melah-Mlaa-El-Habeth*	12 kil. O. de Ténès	L'eau s'épanouit et cristallise sur des couches de travertin.
2	Source salée d'*Anser-el-Louza*.........	20 kil. N.-E. de Téniet-el-Haâd	Utilisée par les indigènes.

TABLEAU Nº 2 (Suite)

Nº D'ORDRE	DÉSIGNATION	SITUATION	OBSERVATIONS
3	Source salée de l'*Oued-Melah*	23 kil. E. un peu S. de Téniet-el-Haâd	
4	Rocher de sel d'*Aïn-Hadjera*	48 kil. O. de Djelfa	
5	*Sebkha-Zahrez-Rharbi*	48 kil. O.N.-O. de Djelfa	
6	Rocher de sel de *Rang-el-Melah*, sur la route d'Alger à Laghouat...........	22 kil. N.-O. de Djelfa	
7	Sources salées des *Ouled-Hédim*	24 kil. E.N.-E. de Boghar	
8	Id. de *Rebaïa*, auprès d'Har-mela..........................	36 kil. E.N.-E. de Boghar	
9	*Sebkha-Zahrez-Chergui*	48 kil. N.-E. de Djelfa	

TABLEAU N° 3 (ORAN)

SOURCES THERMO-MINÉRALES

N° D'ORDRE	NOM de LA SOURCE	SITUATION	TEMPÉRATURE	DÉBIT A LA SECONDE (litres)	OBSERVATIONS
		I. — Eaux alcalines			
		VARIÉTÉ BICARBONATÉE SODIQUE			
1	*Hammam-bou-Hadjar* (source du palmier..................	Commune mixte d'Aïn-Temouchent, à 50 kil. S.-O. d'Oran	70°	4 5	Ferrugineuse. Dégage de l'acide carbonique. Dépose du travertin
2	*Hammam-bou-Hadjar* (source Cha-debec...................	Id.	56°	0 25	Id.
3	*Hammam-bou-Hadjar* (source froide)...................	Id.	22°	0 50	Ferrugineuses. Dépose du travertin ocreux.
4	*Hammam-Sidi-Aït*	Id.	58°	0 15	Ferrugineuses ; dégagent de l'acide carbonique. Déposent du travertin. Toutes les sources précédentes sont l'objet d'une demande en concession en instance.

TABLEAU N° 3 (Suite)

N° D'ORDRE	NOM de LA SOURCE	SITUATION	TEMPÉRATURE	DÉBIT A LA SECONDE (litres)	OBSERVATIONS
		II. — Eaux sulfureuses			
		VARIÉTÉ SODIQUE			
1	*Aïn-Nouïssy*	A 14 kil. S. de Mosta-ganem	18° 5	0 20	Chlorurée sodique. Elle est l'objet d'une demande en concession pendante.
2	*Aïn-Mentil*	A 20 kil. O. d'Ammi-Moussa	32°	0 10	Fortement chlorurée sodique. L'hydrogène sulfuré est à létat libre
		III. — Eaux ferrugineuses			
		VARIÉTÉ CARBONATÉE			
1	*Aïn-Merdja*	Commune mixte de Nemours, à 5 kil. S. de l'embouchure de la Tafna	23° 5	1 00	

2	Aïn-en-Hammam...............	Commune mixte de Tlemcen, à 6 kil. N. de Sebdou	26°	18 00	Carbonique calcique. Dépose du travertin.
3	Aïn-el-Hout	Commune de plein exercice de Tlemcen, à 6 kil. N. de Tlemcen	30°	22 00	
4	Oued-Madagre	Commune de Bou-Sfer, 26 kil. O. de Bou-Sfer	35° 5	1 00	Dépose du travertin.

IV. — Eaux arsenicales

—

Néant

1° VARIÉTÉ CHLORURÉE SODIQUE

1	Hammam-Sidi-Cheikh...........	Commune indigène de Marnia, à 4 kil. N. de Marnia un peu O.	33°	10 00	Dépose du travertin.
2	Hammam-Sidi-bel-Kheir........	Commune indigène de Marnia, à 10 kil. E. de Marnia	36°	7 00	Dépose du travertin.
3	Bains de la Reine.............	A 3 kil. N.-O. d'Oran	52°	5 00	Etablissement thermal assez fréquenté.

TABLEAU N° 3 (Suite)

N° D'ORDRE	NOM de LA SOURCE	SITUATION	TEMPÉRATURE	DÉBIT A LA SECONDE (litres)	OBSERVATIONS
4	*Hammam-ould-Khaled*	Commune indigène de Saïda, à 16 kil. N.-E. de Saïda	45°	8 00	Très-renommées chez les indi-gènes.
5	*Ouled-Sidi-Brahim*	A 39 kil. E. de Mosta-ganem	66°	1 00	

2" VARIÉTÉ CARBONATÉE CALCIQUE

N° D'ORDRE	NOM de LA SOURCE	SITUATION	TEMPÉRATURE	DÉBIT A LA SECONDE (litres)	OBSERVATIONS
1	*Aïn-Sidi-Abdelli*	Commune mixte de Tlemcen, à 25 kil. N.N.-E. de Tlemcen	38°	40 00	Dépose du travertin, employée en bains par les indigènes.
2	*Hammam-bou-Hanifia*	Commune mixte de Mascara, à 20 kil. S.-O. de Mascara	58°	8 00	Établissement thermal bâti par le Génie.

VI. — Eaux gazeuses

VARIÉTÉ SIMPLE

1	*Hammam-Sidi-Ali-ben-Youb*	Commune mixte de Bou-Kanéfis, à 25 kil. S.S.-O. de Sidi-bel-Abbès	24°	220 00

VII. — Eaux thermales simples

1	*Hammam-bou-R'ara*	Commune indigène de Marnia, à 10kil. N.-E. de Marnia	48°	12 00	Petit établissement thermal, à l'usage des indigènes, bâti par le Génie.

TABLEAU N· 4 (ALGER)
SOURCES THERMO-MINÉRALES

N· D'ORDRE	NOM de LA SOURCE	SITUATION	TEMPÉRATURE	DÉBIT A LA SECONDE (litres)	OBSERVATIONS

Nota. — Les sources sont numérotées dans chaque catégorie en allant de l'Ouest à l'Est.

I. — Eaux alcalines

VARIÉTÉ BICARBONATÉE SODIQUE

N· D'ORDRE	NOM de LA SOURCE	SITUATION	TEMPÉRATURE	DÉBIT A LA SECONDE (litres)	OBSERVATIONS
1	Source d'*El-Affroun*............	A 500 mètres amont du pont d'El-Affroun, sur la rive droite de l'Oued-Djer	21°	très-faible	Employée localement en boisson, a été demandée en concession.

II. — Eaux sulfureuses

VARIÉTÉ SODIQUE

N· D'ORDRE	NOM de LA SOURCE	SITUATION	TEMPÉRATURE	DÉBIT A LA SECONDE (litres)	OBSERVATIONS
1	*Hammam-el-Hamé*............	Djebel Ouarencenis, 48 kil. S.-E d'Orléansville	42°	4 50	Utilisée en bains par les indi-gènes.
2	Source de l'*Oued-Kef-Saha*......	8 kil. S.-E. de Hammam-el-Hamé	froide	5 00	Sert à l'irrigation.

3	*Aïn-Kebrita*	A 19 kil. O.S.-O. de Teniet-el-Haâd	21°	4 00	
4	*Aïn-el-Hammam*	5 kil. N. un peu O. du Ksar-Zerguin	42°	»	Coule dans une grotte souteraine et se perd dans la montagne.
5	*Aïn-Morrah*	3 kil. 5 N.N.-E. du Ksar-Zerguin	32°	5 00	
6	Source *Berrouaghia*	A 3 kil. N.-E. de Berrouaghia (commune indigène de Médéah)	41°	1 00	Utilisée en bains par les indi-gènes.

VARIÉTÉ CALCIQUE

1	Source des *Ouled-Anteur*	15 kil. O. de Boghar	16°	»	Utilisée par les arabes.
2	Sources de la vallée de l'*Oued-Okris*, dans la forêt de *Ksenna:*	A 22 kil. E.N.-E. d'Aumale	»	»	Utilisées en bains locaux.
	1° *Hammam-Djerob*		47° 4	1 4	
	2° Id. *Mzara*		61° 5	0 8	
	3° Id. *Chïn*		44°	1 »	
	4° Id. *El-Halfa*		64°	0 0	Sert au rouissage de l'alfa.

VARIÉTÉ ENCORE IDDÉTERMINÉE

1	A -*Baroud*	4 kil. O. du village de Mouzaïa-les-Mines	18°	0 025	Inutilisée
2	Sources de l'*Oued-Tamizer*	26 kil. S.-E. de Blidah	18°	faible	Id.

TABLEAU N° 4 (Suite)

N° D'ORDRE	NOM de LA SOURCE	SITUATION	TEMPÉRATURE	DÉBIT A LA SECONDE (litres)	OBSERVATIONS
		III. — Eaux ferrugineuses			
		VARIÉTÉ CARBONATÉE			
1	Eau des *Bains de la Reine*.......	Ténès	»	»	Contient des traces d'arsenic.
2	Source de la *Fontaine des Cèdres*.	3 kil. O. de Téniet-el-Haàd	11°	»	
3	*Aïn-Hamama*..............	3 kil. N.-E. de Milianah	29°	0 42	Sert comme boisson ordinaire.
4	*Aïn-Hamra*, ou source n° 4 de *Hammam-Rhira*.............	A 16 kil. E.N.-E. de Milianah (commune mixte de Vesoul-Benian)	20° 5	0 2	Très-employée en boisson par les baigneurs de Hammam Rhira.
5	Eau de *Mouzaïa-les-Mines*.......	A 2 kil. N.-E. de Mouzaïa-les-Mines, (commune de Médéah)	16 à 21°	0 046	Utilisée en boisson. A été demandée en concession.

6	Source de *Haouch-Roumily*	3 kil. N.-O. de Boufarik	21°	0 10	Très légères d'arsenic.
7	Source d'*El-Achour*	A 8 kil. S.-O. d'Alger	18°	0 20	Utilisée comme boisson ordinaire
8	Source *Sainte-Marie* (propriété Dufoure	Frais-Vallon, environ d'Alger	19°	0 017	Utilisée comme boisson hygiénique.
9	Source de la propriété *Caldumbide*	Id.	18 à 19°	très-faible	Utilisée comme boisson hygiénique.
10	*Aïoun-Sekhakhna*	Id.	17 à 19°	0 13	Id.
11	Source de la *Bouzaréah*	Environs d'Alger	15°	0 10	Un peu iodurée.
12	*Aïn-el-Hammam*	4 kil. N. de Djelfa	29°	0 50	
13	*Aïn-Tchina*	6 kil. S.S.-E. du Fondouk	26°	0 20	
14	Sources de l'*Oued-Edjelata* et de *Ben-Haroun*	11 kil. S.-O. de Drael-Mizan	18°	0 10	Utilisée comme boisson à l'hôpital de Dra-el-Mizan.
15	*Aïn-ben-Bakti*	18. kil. S.-O. de Dellys	18°	0 10	
16	*Aïn en Nehar*, près d'un café maure, route de Dellys à Tizi-Ouzou	10 kil S.S.-E. de Dellys	18° 5	0 033	
17	Source de *Mazer*	15 kil. E. de Dellys	18°	3 00	
18	Source du jardin militaire à *Fort-National*	Fort-National	19°	»	Sert de boisson.

TABLEAU Nᵣ 4 (Suite)

Nº D'ORDRE	NOM de LA SOURCE	SITUATION	TEMPÉRATURE	DÉBIT A LA SECONDE (litres)	OBSERVATIONS
19	Source de *Hadjar-el-Hammam* ..	15 kil. S.-E. de Fort-National	»	»	Sert de boisson

IIII. — Eaux arsénicales

Néant

V. — Eaux salines

VARIÉTÉ CHLORURÉE SODIQUE

Nº D'ORDRE	NOM de LA SOURCE	SITUATION	TEMPÉRATURE	DÉBIT A LA SECONDE (litres)	OBSERVATIONS
1	Source du *Vieux Ténès*	A 4 kil. E.S.-E. de Ténès	30°	0 05	
2	*Aïn-Zerguin*	Environs du Ksar-Zerguin, à 40 kil. O. 30° S. d'Aïn-Oussera, (commune indigène de Boghar)	19°	200 00	Utilisée en irrigation.

3	*Aïn-Keddara*	2 kil. S.-E. du Ksar Zerguin	26°	60 00	Id.
4	*Aïn-Djerob*	1 kil. N.N.-E. du Ksar-Zerguin	27°	7 05	Id.
5	Source de l'*Oued-Hadjia*	A 36 kil. O. de Djelfa et 6 kil. N.-E. du village de Cherf	36°	6 00	Id.
6	Sources de *Hammam-Melouan*	A 7 kil. S.S.-O. de Rovigo			
	1° Source du marabout *Sidi-Sliman*		44°	2 08	Bains Indigènes.
	2° Source de la *Piscine Européenne*		39° 3	0 73	Bains Européens.
	3° Sources salées environnantes		24 à 39°	2 80	Inutilisée.
7	*Aïn-Melah*	A 5 kil. S.S.-E. de l'Arba, sur la rive droite de l'Oued-Djemma	18°	3 00	Notablement sulfatée sodique.

VARIÉTÉ SULFATÉE CALCIQUE

1	Sources de *Hammam Rhira*	A 16 kil. E. de Milianah			
	1° Source n° 1		45°	2 167	Source de l'établ. militaire.
	2° Source n° 5		67° 5	0 125	Inutilisée.
	3° Source n° 7		40° 5	1 133	Id.

TABLEAU N· 4 (Suite)

N° D'ORDRE	NOM de LA SOURCE	SITUATION	TEMPÉRATURE	DÉBIT A LA SECONDE (litres)	OBSERVATIONS
	4° Source n° 8..................	....	44°	0 363	
	5° Source n° 8 *bis*..............		43°	0 500	Captées de l'établissement militaire.
	6° Source n° 9.................	....	50°	0 567	
	7° Sources A, A', A''..........	....	44 à 45°	2 716	
	8° Source n° 10...............	....	39°	1 367	Inutilisée.
	9° Source n° 18..............	....	28°	0 210	Id.
	10° Source n° 19.............	....	39°	0 747	Id.
	11° autres sources...........	....	18 à 36°	débit insignifiant	Id.
2	*Aïn-el-Hammam*..............	58 kil. N.N.-E. de Djelfa au N. du Zahrez Chergui	22°	4	Utilisée en irrigation.

En résumé, il résulte des tableaux précédents que de sérieux efforts sont faits pour l'utilisation des richesses souterraines de toute nature dans les deux provinces. On capte les nappes d'eaux artésiennes, on se préoccupe de la concession et de l'aménagement des eaux thermales. Les explorations de galène argentifère, de calamine et de sel se poursuivent; des recherches pour minerais de plomb et de zinc, et pour explorer des sources bitumineuses, sont organisées. Mais le fait le plus remarquable c'est, malgré la crise métallurgique, l'exploitation croissante des minerais de fer, qui donne lieu en certains points à de puissantes installations. Si l'on considère que les gîtes ferrifères connus forment une chaîne presque continue dans la zone littorale et une série d'amas abondants dans la vallée du Chéliff, on est en droit de conclure que cette immense provision, à peine entamée, de minerais de fer de belle qualité constitue l'une des garanties les plus sûres de l'avenir minier, peut-être aussi métallurgique de l'Algérie.

Alger, le 20 janvier 1878.

L'Ingénieur des Mines,
POUYANNE.

GOUVERNEMENT GÉNÉRAL CIVIL DE L'ALGÉRIE

DIRECTION GÉNÉRALE
DES
Affaires civiles
ET FINANCIÈRES

COLONISATION

RENSEIGNEMENTS GÉNÉRAUX
ET
statistiques

AVIS

Les Agriculteurs ou les Industriels désirant s'établir en Algérie trouveront les renseignements qui pourront les intéresser

AUX

BUREAUX

DES

RENSEIGNEMENTS GÉNÉRAUX

SITUÉS

EN ALGÉRIE

À Alger (Hôtel des Postes, à l'entresol, boulevard de la République);

À Oran (Bureaux de la Préfecture);

À Bône et à Philippeville (Bureaux de la Sous-Préfecture);

À PARIS

Au Ministère de l'Intérieur (99, rue de Grenelle-St-Germain).

Immigration. — Colonisation. — Agriculture. — Industrie

COMMERCE, TRANSPORTS, CHEMINS DE FER

EXPLOITATION DES MINES, CARRIÈRES, FORÊTS, ALFA

Nota. — On répond par écrit à toute demande de renseignements adressée *franco* et *sous l'enveloppe de toile*, à M. le Chef du Bureau des Renseignements, et contenant le montant de l'affranchissement de la réponse. — On adresse également tous les documents officiels imprimés: *programmes de colonisation; modèles de soumission; notices sur les forêts et les mines, etc.., etc*

Alger. — Imp. LAGRANGE, rue Bruce, 4.

www.ingramcontent.com/pod-product-compliance
Lightning Source LLC
LaVergne TN
LVHW021800170726
843503LV00007B/2948